蜗牛怎么
总是背着重重的壳呀

달팽이야, 넌 왜 집을 지고 다니니?

글 왕입분 王立分 그림 송영욱 宋英旭 감수 최재천 崔在天

Text by (Wang Ipbun), Illustration by (Song Yeonguk), supervision by (Choi Jaechun)

Copyright 2005 JEI Corporation, published in Korea

ALL rights reserved

This Simplified Chinese edition was published
by Beijing Book Link Booksellers Co.,Ltd in 2019
by arrangement with JEI Corporation
through 韩国连亚国际文化传播公司

图书在版编目（CIP）数据

身边的自然课 . 1, 蜗牛怎么总是背着重重的壳呀 /
(韩) 王立分著 ; (韩) 宋英旭绘 ; 刘春云译 . -- 石家
庄 : 河北科学技术出版社 , 2019.4（2019.5 重印）

ISBN 978-7-5375-9815-6

Ⅰ . ①身… Ⅱ . ①王… ②宋… ③刘… Ⅲ . ①自然科
学—儿童读物②动物—儿童读物 Ⅳ . ① N49 ② Q95-49

中国版本图书馆 CIP 数据核字 (2019) 第 039379 号

身边的自然课·1
蜗牛怎么总是背着重重的壳呀
woniu zenme zongshi beizhe zhongzhong de ke ya

[韩] 王立分 著　　[韩] 宋英旭 绘　　[韩] 崔在天 校　　刘春云 译

策划制作：北京书锦缘咨询有限公司（www.booklink.com.cn）
总 策 划：陈 庆
策　　划：李 伟
责任编辑：刘建鑫
设计制作：柯秀翠

出版发行　河北科学技术出版社
地　　址　石家庄市友谊北大街 330 号（邮编：050061）
印　　刷　北京富达印务有限公司
经　　销　全国新华书店
成品尺寸　185mm×230mm
印　　张　4.5
字　　数　56 千字
版　　次　2019 年 4 月第 1 版
　　　　　2019 年 5 月第 2 次印刷
定　　价　39.80 元

蜗牛怎么总是背着重重的壳呀

［韩］王立分　著
［韩］宋英旭　绘
［韩］崔在天　校
刘春云　译

河北科学技术出版社

目录

在田野中

01 蜣螂真的靠吃粪便存活吗？   8

02 是什么将蝴蝶吸引到花上去的？   10

03 蜘蛛为什么不会被蜘蛛网粘住？   12

04 为什么蜜蜂要把房子建成六边形？   14

05 蜗牛怎么总是背着重重的壳呀？   16

06 瓢虫为什么又叫花大姐？   18

07 蟋蟀为什么只在秋天鸣叫？   20

08 为什么一下雨蚯蚓就会爬上地面？   22

09 鼹鼠真的看不见它前面的东西吗？   24

10 椿象为什么会散发一股难闻的气味？   26

11 用凤仙花也可以染红色指甲吗？   28

12 狗尾巴草也是杂草吗？   30

13 为什么稻子越成熟越低着头？   32

14 东北堇菜到底有多少个名字？   34

在小河里

15 水黾为什么不会掉进水里？　　　　　　　　39

16 为什么一下雨青蛙就会呱呱叫？　　　　　　40

17 蟾蜍真的有毒吗？　　　　　　　　　　　　42

18 鲫鱼身上为什么会长"痘痘"？　　　　　　44

19 鲑鱼是如何再次回到自己出生的小河里的？　46

20 鲇鱼为什么会长胡须呢？　　　　　　　　　48

21 大雁为什么要排成人字形飞行呢？　　　　　50

22 野鸭是如何悠然自得地漂浮在水面的？　　　52

23 天鹅真的像看上去那么悠闲吗？　　　　　　55

24 青蛙会吃浮萍吗？　　　　　　　　　　　　56

25 为什么莲藕长满孔呢？　　　　　　　　　　59

26 芦苇会做出怎样值得夸赞的事情呢？　　　　60

27 在韩国，听说过去人们是用菖蒲洗头发，是真的吗？　62

蜣螂（屎壳郎）、蝴蝶、蜘蛛、蜜蜂、蜗牛、
瓢虫、蟋蟀、蚯蚓、鼹鼠、椿象、凤仙花、
狗尾巴草、稻子、东北堇菜

在田野中

01 蜣螂真的靠吃粪便存活吗？

没错，据说蜣螂不仅吃牛、马的粪便，

也吃人类的粪便，以此维持生命。

蜣螂俗称屎壳郎，它将粪便滚成圆形，并在里面产卵。

当卵变成幼虫时，蜣螂幼虫就开始吃这个圆圆的粪便。

即便如此，也请大家不要把蜣螂看成肮脏的动物。

蜣螂把地面上的粪便清理到地下，从而减少了地面上的苍蝇，

那片土地上的植物也可以茁壮成长。

蜣螂是大自然的清洁工，使土壤变得肥沃，

它是不是一种非常值得人们感谢的昆虫呀？

9

02

是什么将蝴蝶吸引到花上去的？

蝴蝶是如何知道花的位置并正确找到它的呢？

难道是它闻到了花香？不是的。

据说蝴蝶主要是通过观察花的颜色才找到花的。

蝴蝶将花粉从一朵花传播到另一朵花，

花朵才能结出果实和种子。

为了告诉蝴蝶自己的位置，花朵会把自己装扮得艳丽多姿。

因此世界上很少有黑色等比较暗色的花朵。

03

蜘蛛为什么不会被
蜘蛛网粘住？

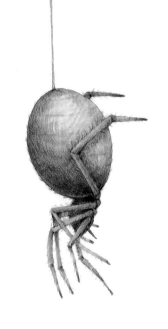

蜘蛛可以捕捉害虫，

对于人类来说，它是值得我们感谢的动物。

虫子一旦碰到黏黏的蜘蛛网便无法动弹，成为蜘蛛口中的食物。

奇怪的是，蜘蛛却可以在蜘蛛网上自如行走。

这是因为蜘蛛网里面暗藏着一个秘密。

整个蜘蛛网看起来就像一个黏呼呼的东西，但事实上蜘蛛所在的中间部分以及像自行车辐条一样延伸的部分一点也不黏，蜘蛛正是踩着这些部分行走的。

如果蜘蛛失足踩到那些黏黏的部分，会被自己的网粘住吗？

也不会，因为蜘蛛会将自己分泌的油性物质涂到脚上，避免被粘住。

为什么**蜜蜂**要把**房子**建成六边形?

蚂蚁、蛇等大多数动物都将洞穴建成圆形,

这是因为圆形的洞穴最容易建造且更稳定。

但蜜蜂为什么要将巢穴造成六边形呢?

这是因为蜜蜂要在狭窄的巢穴内建造许多房间,如果建成圆形,

房间与房间之间会有很多空隙。

六边形的巢穴不会有空隙,节省了空间。

并且,六边形的蜂巢不仅牢固、安全,巢内温度也能保持稳定。

蜗牛怎么总是背着重重的壳呀？

蜗牛体内没有骨骼，而且身体表层非常柔软，所以它们需要一个可以保护自身且保持身体湿润的壳，以便抵御寒冷的天气和敌人。

因此，大多数的蜗牛无论走到哪里都会背着坚硬的壳。

那么，如果将蜗牛的壳摘下，它会死吗？

会的，因为蜗牛的身体会变干或无法抵挡敌人的攻击。

06

瓢虫 为什么又叫花大姐?

古人穿着的衣物一般以单色、素色为主,

只有在特殊节日里姑娘们才会打扮得花花绿绿,

被人们戏称为"花大姐"。

而瓢虫背部的颜色也是花花绿绿的,故此得名。

为什么瓢虫身上会有如此多样的颜色呢?

难道它们是为了炫耀自己的美丽吗?

不是的,这是为了给敌人警告:"如果你吃了我,你就会拉肚子。"

19

07

蟋蟀为什么只在秋天鸣叫?

蟋蟀通常在秋天（9~10 月）交配。

雄性蟋蟀为了能够顺利交配，

通常会用前翅发出叫声向雌性蟋蟀示爱。

人类将这种叫声称为鸣叫。

交配结束后，蟋蟀在土壤里产卵后便死去。

冬去春来，在土壤里的卵孵化成幼虫，等到夏季过后的

8 月末，幼虫会长成成虫。

因此，我们只能在蟋蟀成虫后交配的秋天听到它们的鸣叫。

08
为什么一下雨
蚯蚓就会爬上地面？

蚯蚓主要生活在土壤中比较潮湿的地方。

但下雨时蚯蚓就会爬到地面上来，为什么会这样呢？

蚯蚓一般靠皮肤呼吸，

下雨时土壤里的水分增大，导致蚯蚓无法呼吸，

所以蚯蚓要爬到地面上来，在被雨水浸湿的地面上舒服地呼吸。

但雨过天晴后，蚯蚓就要重新返回土壤里。

万一蚯蚓在坚硬的柏油马路或水泥地上没能顺利回到土壤里，

最终会被干死。

所以，我们经常会在雨后的柏油马路或水泥路上看见干死的蚯蚓。

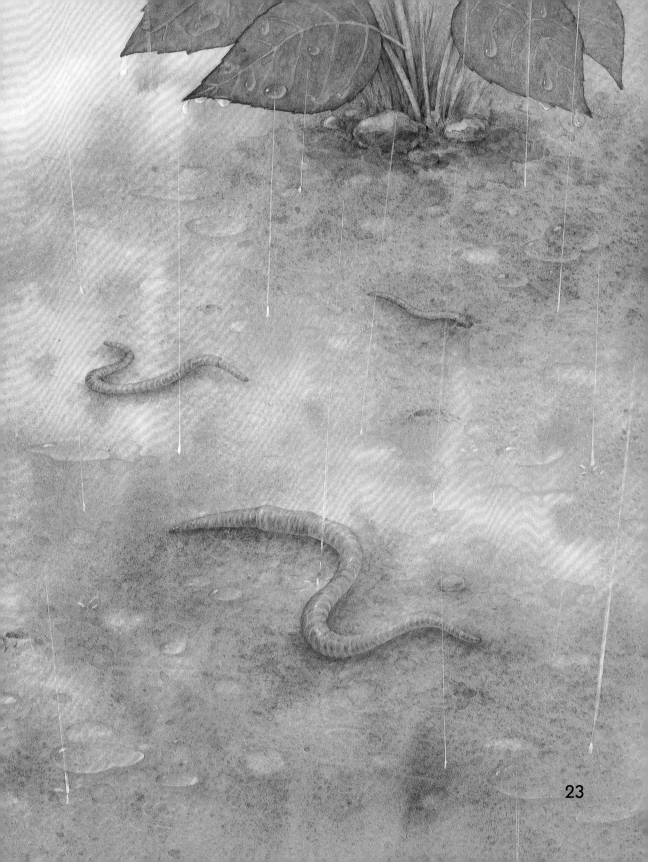

09

鼹鼠真的看不见它前面的东西吗?

鼹【yǎn】鼠生活在见不到阳光的黑暗地洞里。

鼹鼠的前脚有五个形似铲子的脚趾,非常适合挖洞。

虽然鼹鼠偶尔会在阴天或夜晚来到地面,但是大多数时间都只待在洞里,所以眼睛退化,视力很差。

即便如此,鼹鼠也不是完全看不见前面的东西,

它还是可以分辨明暗的。

相反,它们的听力和嗅觉非常灵敏,能够感知来自地面的轻微震动,

因此,它们可以凭此躲避危险。

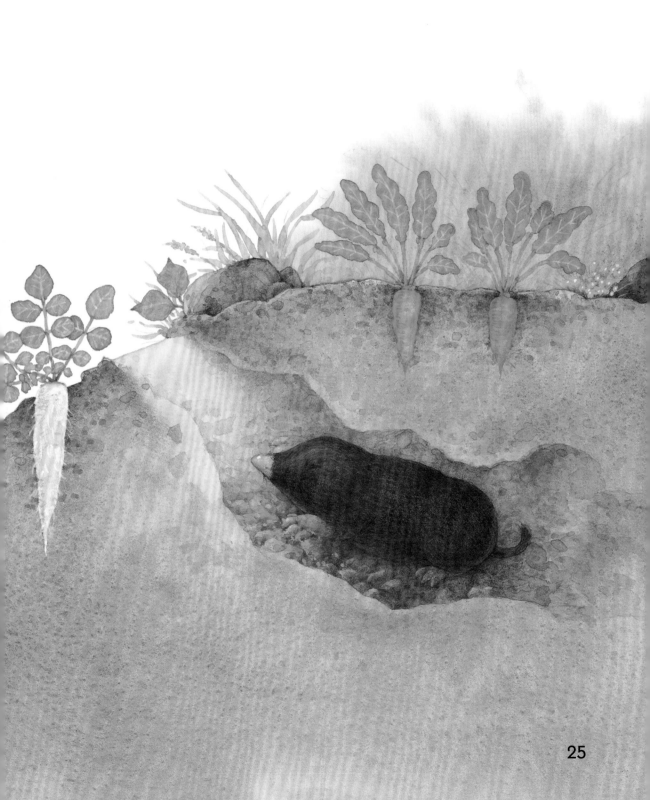

10 椿象为什么
会散发一股难闻的气味?

因为椿象会散发一股难闻的气味,所以又名"放屁虫"。

但这种气味不是放屁产生的。

椿象散发难闻的气味是为了保护自己免受敌人的攻击。

椿象的体内有一个叫做臭腺的器官,里面有可以散发臭味的液体。

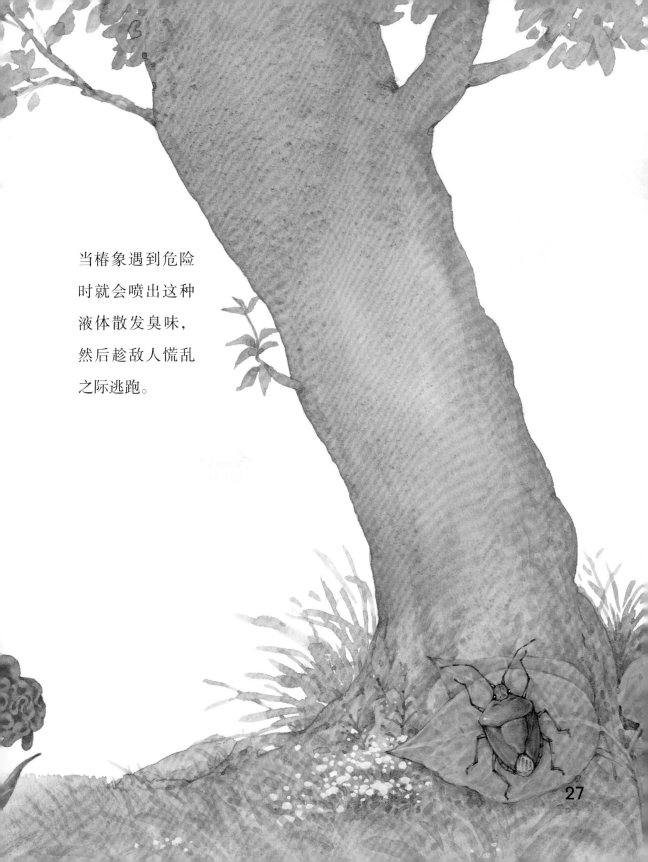

当椿象遇到危险时就会喷出这种液体散发臭味，然后趁敌人慌乱之际逃跑。

11
用**凤仙花**也可以
染红色**指甲**吗?

凤仙花和其他植物相比属色彩鲜艳的植物,

因为凤仙花中含有很多红色色素,可将指甲染成红色。

据说凤仙花的绿叶中所含红色色素比花瓣还要多,

即使没有花瓣,只用其绿叶染指甲,红色也会非常漂亮。

更夸张的是,即使用白色的凤仙花花瓣染指甲,也一样能染成红色,

真的很神奇吧!

💮 凤仙花染指甲

1. 准备花瓣和叶子。

2. 将花瓣、叶子、白矾一起放入容器中，捣碎。

3. 将捣好的花瓣涂抹在指甲上，然后用布和线包裹住指甲，保持片刻。

4. 哇，染得真漂亮啊！

12 狗尾巴草也是杂草吗？

狗尾巴草因长得像小狗毛茸茸的尾巴而得名。

但狗尾巴草会给农民带来麻烦，比较令人讨厌。

杂草是一种对人类无用的植物，

尤其是它们汲取了本该属于农作物的养分，影响农业生产。

但不是所有的杂草都是不好的。

它们可以成为昆虫等较小生物的窝，

也可以保护大地免受阳光、风和寒冷之苦。

而且，有些杂草还可以吃，也可以用作药材。

狗尾巴草就像所有杂草一样，无论生长在哪里都能茁壮成长，

因为它们的根系发达，即使遇到狂风暴雨也不会被卷走。

为什么稻子越成熟越低着头？

在秋天的田野里，你们见过熟透了的金黄色稻子正低着头的样子吗？

它们为什么会低着头呢？

一株稻子上一般长有数百粒稻米，

而且稻子越成熟稻米越重，

稻秆不能支撑稻米的重量时就会弯曲。

稻子成熟时，鸟儿们就会来啄稻米吃，

农民伯伯为了赶跑鸟儿，会在稻田里放一些稻草人。

14

东北堇菜 到底有多少个名字？

一到春天，田野里最受欢迎的花就是东北堇菜。

东北堇菜的花在燕子从南方飞回北方的时节开放，

所以又叫燕子花。

除此之外，东北堇菜还有很多有趣的名称。

那么都有哪些呢？

摘下一朵花，可以将其编成花戒指或花项链，所以又称"戒指花"，

人们将两个花柄交叉后互相拉扯，这个游戏叫做斗花游戏，

所以又被称为"摔跤花"。

因其外形小巧，也称作"雏鸡花"。

再有，当东北堇菜开花的时候，北方的蛮夷便开始入侵，

所以又名"蛮夷花"。

东北堇菜之所以会有许多名字，是因为它与我们的生活紧密相关。

35

在小河里

水黾、青蛙、蟾蜍、
鲫鱼、鲑鱼、鲇鱼、大雁、野鸭、天鹅、
浮萍、莲藕、芦苇、菖蒲

15

水黾为什么不会掉进水里？

每当我们看见池塘或水洼，就会看见水黾【mǐn】轻轻地飘在水面上。

水黾是如何做到随心所欲地行走在水面上的呢？

水黾的脚上长满了毫毛，毫毛上有油性物质，

正是这些毫毛和油性物质使水黾可以漂浮在水面上，

就像水和油互相排斥一样。

所以，水黾可以自由地在水面上行走，完全不用担心掉进水里。

即使在水黾的脚上沾上肥皂后将其置于水面上，

水黾的身体也只有一半会没入水中。

为什么一下雨青蛙就会呱呱叫？

青蛙真是特别。

在下雨之前，青蛙的身体接触到湿润的空气就会变得精神振奋，忍不住呱呱叫。

青蛙不是完全靠肺呼吸的，它还能通过皮肤呼吸。

青蛙的皮肤一旦接触到水汽，呼吸就会变得更畅快，

所以每当大雨来临之际，随着空气中的水汽增多，

青蛙的心情就会突然转好，变得精神抖擞，

会情不自禁地唱起歌谣。

青蛙也是多亏了这种特别的皮肤，才可以在水中待很长时间。

17

蟾蜍真的有毒吗？

蟾蜍与青蛙相比体型稍大，且身上长有许多疙瘩。

青蛙遇到危险时会嗖地一下逃跑。

但蟾蜍的行动比较缓慢，无法快速躲避，

它会膨胀身体，

同时耳后腺会产生一种白色的液体，

这种液体含有毒素。

43

18

鲫鱼身上为什么会长"痘痘"？

大家是否见过脸上长有红色痘痘的大哥哥和大姐姐呢？

这是因为很多人在青春期时体内雄性激素增加，

皮脂腺过度分泌而引起的。

但神奇的是，鱼的身体上也会长痘痘，

其实，鱼身上长痘痘表示雄性鱼到了要与雌性鱼交配的时间。

最令人惊讶的是，雌性鲫鱼非常喜欢身上长满痘痘的雄性鲫鱼。

19

鲑鱼是如何再次回到自己出生的小河里的？

鲑鱼出生于小河，

生活在大海，如果到了产卵的时节，

它们会逆流而上，再次返回自己出生的小河。

身心疲惫的鲑鱼在自己出生的小河中产下卵后就会死亡，

甚至很多鲑鱼会死在洄游的途中。

鲑鱼为什么冒着生命危险也要返回小河呢？

这是因为鲑鱼的卵无法在咸水中生存。

那么，鲑鱼是如何记得自己出生的小河并且再次返回的呢？

因为它们记住了自己出生的小河的味道，

并根据记忆中的味道重新找回来。

所以，如果自己出生的小河被污染而失去原来的味道，

鲑鱼不知道应该去哪里，就会在寻找小河的途中死去。

鲇鱼 为什么会长胡须 呢?

鲇鱼的嘴巴很大，并且嘴巴两边长有帅气的胡须。

鲇鱼为什么会长胡须呢?

由于鲇鱼生活在流动的水中，看不清前面的东西。

胡须可以帮助它们确认前方是否有敌人，以及哪里有食物。

也就是说，鲇鱼的胡须就像昆虫的触须一样。

由于鲇鱼的胡须能够感知到非常细微的水的波动，

所以当地震发生时，鲇鱼能够比人类更快感知到地震。

另外，凭借自己的胡须，即使在黑暗的夜里，

鲇鱼也能轻易捕捉到食物。

49

21

大雁为什么要排成人字形飞行呢？

冬季来临之前，为了躲避寒冷，生活在北方的大雁会飞到南方。

我们将这种随着季节的不同而变换生活区域的鸟称作候鸟。

由于候鸟需要飞行很远的距离，所以应该尽可能地节省体力。

当大雁们呈人字形飞行时，

前面的大雁向下振翅，使空气产生上浮的力量，

后面飞行的大雁就可以利用浮力，减少飞行过程中所需的体力。

后面的大雁依次排在前面鸟的翅膀后面，

自然而然就飞成了人字形。

野鸭是如何悠然自得地漂浮在水面的?

包括野鸭在内，大多数鸭的尾部会产生一种油，

它们会用嘴把油抹到羽毛上，

由于羽毛和羽毛之间的缝隙很小，所以水不会渗透。

水和油具有互相排斥的性质，

因此野鸭可以悠然自得地漂浮在水面上。

假如我们用肥皂给野鸭洗澡后再放在水面上，结果会怎样呢?

因为野鸭本身会游泳，所以不会完全掉进水里。

23 天鹅真的像 看上去那么悠闲吗?

天鹅一般喜欢比较安静的地方。

天鹅将脖子弯成 S 形,安静地在水面上游泳的样子看起来很平和。

即使是睡觉的时候姿势也非常优美,

一条腿站着,头放在背部的羽毛内。

所以在童话书里,天鹅一般都是以公主或王子的形象出现的。

但与水面上美丽的样子不同,

在水下,天鹅的脚掌并不悠闲,也在忙碌地划动着。

天鹅的性格与我们看见的也有一定差距,算是比较凶猛的鸟类。

24

青蛙会吃浮萍吗?

你在水田或池塘看见过飘着许多小拇指指甲盖大小的叶片吗?

那个就是浮萍。

在有浮萍的水田或池塘里通常也有青蛙。

浮萍在北方寒冷的冬天会沉到水底，到了春天又会浮上水面，

所以青蛙冬眠的时候也看不见浮萍。

虽然它总是粘在青蛙嘴边，实际上，青蛙并不吃浮萍。

当青蛙将头轻轻探出水面时，浮萍就会围绕在青蛙的嘴或头的周围，

看上去就像青蛙在吃浮萍一样。

为什么**莲藕**长满**孔**呢？

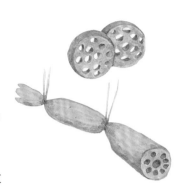

你们吃过长满孔的莲藕吗？

莲藕不是植物的根，而是茎。

由于它像根一样长在土地里，所以被称为"地下茎"。

莲藕很长，生长在水底的淤泥中，

而莲藕的小孔会一直连接到位于水面外的荷叶的最

边缘。

小孔可以储藏叶子从外面吸收的空气，

所以我们也可以将其理解为储藏空气的仓库。

莲藕在空气短缺、环境污浊的水下也能完好成长，

正是因为这些小孔内有新鲜的空气。

26

芦苇会做出怎样值得夸赞的事情呢？

芦苇一般都是成片生长在湖边或江边。

每到秋天，芦苇末端会开出花，随风摇摆的样子如水波一样非常美丽。

所以芦苇也就成为了秋天代表性的植物。

芦苇地是鸟儿的摇篮，

在芦苇地里，它们不容易被敌人发现，可以安全地隐藏自己。

所以在芦苇地里藏着许多鸟儿。

此外，芦苇还可以筛除水中的脏物质，净化水质。

61

在韩国，听说过去人们是用菖蒲洗头发，是真的吗？

以前，菖蒲是非常好的肥皂和洗发水。

用菖蒲水洗头发，不仅使头发柔顺，还滋养发质，

而且还能治疗头皮的皮肤病，

这是因为菖蒲能清除头部的油污，令头发更健康。

菖蒲一般生长在池塘或溪边，也具有净化水质的作用。

与田野和江中
动植物相关的游戏

现在，孩子们已经从本书中了解了一些生活在田野和江（湖、河等）中生物的神秘和珍贵，接下来请帮助孩子进一步了解自然，并与自然成为朋友吧！

赤脚走路　请赤脚走在铺满绿色草坪的广阔田野上，让孩子自由自在地奔跑、玩耍，接近大自然。

吹草笛　请用狗尾巴草吹草笛。将叶子放在上嘴唇和下嘴唇之间，用力吹一下，叶子就会呼啦呼啦地颤动并发出声音。这有利于提高孩子的听觉和乐感。

斗花　请尝试用东北堇菜斗花。这个游戏是将长得像钩子的花梗缠绕起来，双方互相拉扯花梗，花梗断掉的一方输掉比赛。用花梗编制花戒指或花项链也很好。

投掷石头　请将各式各样、大小不一的石头扔向水里。随着石头大小不同，观察水面波纹的变化，这样可以培养孩子的观察力。

制作草叶船　利用草叶制造一艘小船，让其在水面漂浮。同时放多条草叶船，也可以比赛看谁的船漂得远。

用小石块写名字　请收集河边的小石块，并用其在河滩上写名字，也可以画画或写字，帮助孩子掌握手脑配合的精细度。